Animaux en point de croix
十字繡動物玩偶
親手DIY布偶動物的樂趣

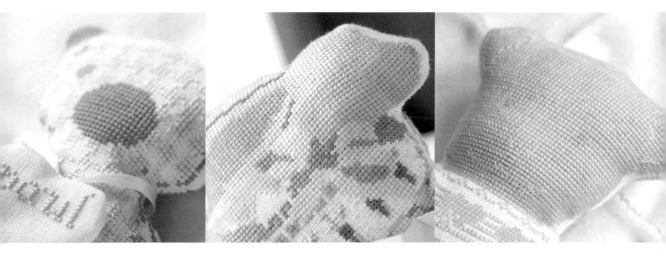

作者◎瑪麗諾愛樂‧巴亞（Marie-Noëlle Bayard）

攝影◎費德瑞克‧盧卡諾（Frédéric Lucano）

造型設計與圖像統籌◎桑妮雅‧盧卡諾（Sonia Lucano）

翻譯◎張一喬

太雅生活館

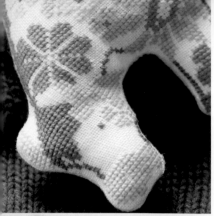

十字繡動物玩偶

So Easy 108

作　　者　　瑪麗諾愛樂‧巴亞(Marie-Noëlle Bayard)
攝　　影　　費德瑞克‧盧卡諾(Frédéric Lucano)
翻　　譯　　張一喬

總編輯　　張芳玲
主　　編　　劉育孜
文字編輯　　林麗珍
美術設計　　張蓓蓓

TEL：(02)2880-7556　FAX：(02)2882-1026
E-MAIL：taiya@morningstar.com.tw
郵政信箱：台北市郵政53-1291號信箱
網頁：http://www.morningstar.com.tw

Original title: Animaux en point de croix
Copyright © Marie-Noëlle Bayard, Mango, Paris, 2004
First published 2004 under the title Animaux en point de croix by Mango,Pari
Complex Chinese translation copyright ©2006 by Taiya Publishing co.,ltd
Published by arrangement with Editions Mango through jia-xi books co.,ltd.

發 行 所　　太雅出版有限公司
　　　　　　台北市111劍潭路13號2樓
　　　　　　行政院新聞局局版台業字第五○○四號
印　　製　　知文企業（股）公司 台中市407工業區30路1號
　　　　　　TEL：(04)2358-1803
總經銷　　知己圖書股份有限公司
　　　　　　台北公司 台北市106羅斯福路二段95號4樓之3
　　　　　　TEL：(02)2367-2044　FAX：(02)2363-5741
　　　　　　台中公司 台中市407工業區30路1號
　　　　　　TEL：(04)2359-5819　FAX：(04)2359-7123

郵政劃撥　　15060393
戶　　名　　知己圖書股份有限公司
初　　版　　西元2006年10月01日
定　　價　　199元
（本書如有破損或缺頁，請寄回本公司發行部更換，或撥讀者服務專線
04-2359-5819#232）

ISBN-13：978-986-6952-10-4
ISBN-10：986-6952-10-X
Published by TAIYA Publishing Co.,Ltd.
Printed in Taiwan

國家圖書館出版品預行編目資料

十字繡動物玩偶 ／ 瑪麗諾愛樂‧巴亞（Marie-Noëlle
Bayard）作：張一喬翻譯.--初版.--臺北市：太
雅,2006〔民95〕
面：　公分.—（生活技能：108）（So easy：108）
譯自：Animaux en point de croix
ISBN 978-986-6952-10-4(平裝)

1.玩具-製作 2.家庭工藝

426.78　　　　　　　　　　　　　　95017442

目 録

工具與材料

如欲順利完成書中的十字繡動物布偶，只要依照書中的指示來仔細慎選材料，像是繡布、繡線和填充料等等，便可收事半功倍之效。您可以在每個布偶創作說明的開頭，找到其製作所需的完整材料清單。

繡布

書中所介紹的布偶範例均是於DMC的11線（譯註：11/公分＝28ct）亞麻布上繡製而成的，只有製作粉紅色大象時提供了5種不同規格的亞麻布選擇。

必須注意的是，您所欲製作之作品的大小，取決於您所選擇的繡布。繡布上每公分的針點越少，您所繡製完成的作品就會越大。比如說，一個在每公分3個針點的Aida繡布上所繡製出來的成品，就一定會比在每公分7個針點的Aida繡布上，所繡製出來的成品來得大上許多。為了幫助您選擇繡布，以下的表格，可以讓您大概估算出10個針距所需的布料尺寸。

為了讓這個計算方法能表現得更加清楚明瞭，我們特地在不同的布料上，或是以不同數量的Mouliné繡線，製作了同一款鯉魚繡樣，以便讓您有一個更具體的概念。

粉紅色的色框中所呈現的這一款，是以每公分11線的亞麻布，和1股Mouliné繡線對1股緯紗（高度：3.3公分）所繡出來的。

藍色的色框中所呈現的這一款，是以每公分7針的

一針2條緯紗：		
亞麻布織線數	10針距長度	使用繡線數
8/公分	2.5公分	3或4股
10/公分	2公分	2或3股
11/公分	1.82公分	2或3股
12/公分	1.66公分	1或2股
14/公分	1.4公分	1股

一針1條緯紗：		
亞麻布織線數	10針距長度	使用繡線數
8/公分	1.25公分	1股
10/公分	1公分	1股
11/公分	0.9公分	1股
12/公分	0.83公分	1股
Aida繡布	10針距長度	使用繡線數
3針/公分	3.1公分	3或4股
4針/公分	2.5公分	3股
5.5針/公分	1.81公分	2或3股
7針/公分	1.4公分	1或2股

Aida繡布，和1股Mouliné繡線（高度：5.1公分）所繡出來的。

黃色的色框中所呈現的這一款，是以每公分11線的亞麻布，和2股Mouliné繡線對2股緯紗（高度：6.8公分）所繡出來的。

珊瑚紅的色框中所呈現的這一款，是以每公分5.5針的Aida繡布，和2股Mouliné繡線（高度：6.6公分）所繡出來的。

綠色的色框中所呈現的這一款，是以每公分10線的單線DMC Lugana繡布，和2股Mouliné繡線對2股緯紗（高度：7.4公分）所繡出來的。

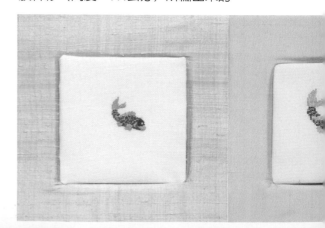

繡線

DMC Mouliné棉繡線是十字繡最常使用的線款，因為它是6股分開的線組合起來的。您可以依照布料的不同，來選擇要使用1股、2股還是3股。其100%長纖維純棉的材質，可以以機器洗滌，並承受最高60℃的水溫。而超過465種不同顏色的多樣選擇，更方便您按照喜好及所需來挑選適合的色調。

縫線

書中所有的動物均是以手縫方式組合。建議挑選一種名為「câblé 40」，縫製厚布料專用的100%純棉DMC縫線。如果您選擇用裁縫車來組合布偶，建議您選用100%純棉的車縫專用線。

針

十字繡專用的繡花針是一種鈍頭針，它的針眼比一般手縫針要來得大。它的鈍頭能避免繡布的緯紗受損；較大的針眼則讓刺繡時或多或少會遇到線比較粗或多條並用的狀況，在穿線時更為方便。通常，一根26或28號的針適合在採用單一股Mouliné棉繡線來製作時使用。當您以2或3股繡線來刺繡作品時，就必須選用24或22號針。在縫合布偶時，請使用10號縫針。

繃子（繡框）

繃子是用來撐開繡布，以便繡出均衡的針距，並避免讓繡布扭曲變形。我們建議您採用直徑12～15公分的小型繃子，使用起來會比較順手。

填充物

為了讓動物布偶可以手洗或丟進洗衣機清洗，您必須使用合成纖維所製成的填充物。使用前可以將纖維略微撐開，讓填充物較為蓬鬆，接著再分批一小撮一小撮地放進布偶中。記得先藉助一支棒針，從最窄的部位（手腳、頭、尾巴……）開始填充，接著才填滿身體，並注意保持一定的柔軟度，好讓小孩也可以輕易地掌握和把玩整隻動物。

編織用針（選用，非必要）

用編織用棒針圓球的那一端，可以將填充物推進布偶較窄小的部位又不至於將布料刺穿；而在組合2片布偶後，也可以用棒針尖端推平織物細部，將它完整地從背面翻回到正面朝外。您可以將棒針尖端伸入整個布偶裡，沿縫紉邊一一推平，因為小型製作物幾乎完全無法使用熨斗，因此攤平縫紉邊時採用棒針，不失為一個好的替代方法。

基礎技巧

十字繡的技巧非常簡單，初學者也相當容易上手。至於布料剪裁和縫接組合則也是非常簡易。只要按照我們的建議和說明，您便可以毫無障礙地完成書中所介紹的所有動物布偶。

十字繡

十字繡一如其名，是由2針互相交錯的斜線所組成的十字。它可以是單獨繡成（見圖1）或是延續繡成（見圖2）。若是採用後者，為了成品的美觀，維持同樣的刺繡方向來繡上十字是很重要的，也就是說繡第一針時應先往右上方，而回針時由右

下往左上方繡去，並保持工整、一貫。

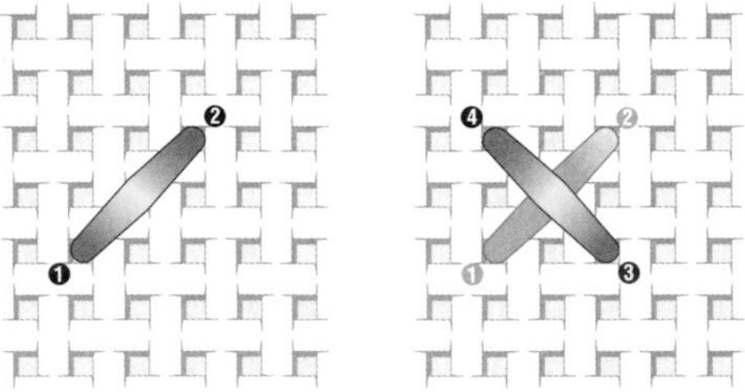

如果您選用的是單線繡布，並採一針一緯紗的繡法，那麼請一針針個別繡上十字而不要採用連續繡法，這樣繡工才會比較一致、均衡。

在繡第一針時，利用左手食指在繡布背面壓住一截線。在刺繡進行的過程中，這個線頭會漸漸被剛開始的幾針所帶到的繡線所掩蓋。當一段線用完準備換線之前，可將繡布翻到反面，將線頭塞入最後繡的那幾針裡面。而開始第二段線和接下來換線時，將繡針先穿過最後繡的那幾針裡面（暫時停止不繡時也是用一樣的方法）。當您換上新的線段時，千萬不要在線頭上打結。這個結很可能會跑到正面來，然後在熨燙刺繡作品時凸起，變成一個很破壞美感的線團。

直線繡

直線繡是用來為某些十字繡細部圖樣框邊的繡法（見圖3）。用它來適當地美化刺繡圖樣的某些部分可說是相當理想。它是在十字繡圖樣完全繡好之後的最後一道工序，並採用與十字繡一樣或較少股的Mouliné繡線，而且經常選用主圖的對比色。

圖一

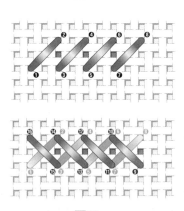

圖二

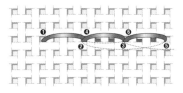

圖三

方格圖

十字繡是按照一個由方格線組成的圖案範例來繡製而成的。每一個彩色格子都代表一針必須繡在繡布上的十字繡。而用來為某部分圖樣框邊的直線繡，則是以一條彩色線來代表。

如果您是剛開始投入十字繡這個有趣而美妙的世界，建議您——比起Etamine單線亞麻或棉繡布，Aida會是更好的選擇。後者的優點是其緯紗與方格圖相當相似，因此也較容易為初學者所接受。採用單線繡布的進階讀者，就可以在繡布上算出每個方格對應的位置，並繡在統一數量的緯紗上，不論是寬或高都會是一致的。

珠子與亮片的裝飾

對某些特定的布偶，我們會建議您一些裝飾的點子，讓成品能有多一分不一樣的巧妙趣味。珠子和亮片對於襯托和凸顯某些細節來說，是最理想不過了。而這些裝飾手續必須在縫接成完整的動物布偶之前就先著手進行。取一段縫線在要裝飾的位置刺上一針，然後穿進一顆珠子，或是一片亮片加上一顆珠子，接著再刺入珠子旁邊0.1公分處，或是縫在亮片裡面。拉直線後，針頭再從您想放置第二顆珠子或是亮片的地方穿出。

注意！ 如果這些玩偶是準備給嬰孩玩的，我們嚴正地建議您不要在上面加上任何以小配件搭配的裝飾，像是珠子、亮片、假寶石、鈕扣……等等，因為它們可能會鬆脫散落而被小寶貝們吞進肚子裡。

縫合

所有的動物玩偶都是以同樣的方式剪裁和縫製完成的。在完成了整個刺繡圖樣之後，請按照以下的方式進行製作。

● 在繡布反面墊一塊燙衣布，然後將它熨燙平整。

● 沿著刺繡圖案多留5公分的地方，將多餘的布料修剪掉。

● 將動物布偶身體的2片正面對正面重疊，動物的2面必須完全對齊工整，您可以將布料擺在窗戶玻璃上，藉助其透明的特性來調整2塊布。

● 將2片裁好的繡布沿邊和中央以大頭針固定。

● 沿著刺繡圖樣邊緣0.2公分處，以直線縫縫合。

● 仕其中一邊留下幾公分的開口（確切的位置請見每個動物布偶範例中的標示），以便將動物布偶翻回正面及著手填充。

● 縫合手續完成後，將縫接好的布塊以熨斗燙過，並沿著離縫線0.5公分的地方裁掉多餘的布料。

● 將布偶整個翻回正面朝外，並藉助棒針將縫接處調整出正確的形狀。

● 開始著手填充布偶，先從窄小的部位開始，藉助棒針將填充物推進最裡面，記得整個填充好的玩偶要是柔軟、有彈性的。

● 取一只縫針以小針距將開口縫合，注意必須對齊之前沿著刺繡圖樣邊緣所保留的0.2公分。

縫紉針法

它跟直線繡的針法一模一樣，是按由左往右的方向。不過，縫紉時不用去數緯紗的數量。只要盡量試著以規律的方式下針，並緊沿著動物的外圍輪廓即可。手縫時需沿著離刺繡圖樣0.2公分的地方下針，並採用一根縫針和縫紉用棉線。

北極熊

材料

◆ 25×40公分的11／公分白色亞麻繡布
◆ DMC Mouliné棉繡線：粉紅色151號1縷、黃色
　3078號1縷、天藍色3840號3縷、深藍色799號
　2縷、綠色3819號1縷
◆ 合成棉絮
◆ 基本縫紉工具

使用針法

2股Mouliné對2股緯紗之十字繡；2股Mouliné之直線繡。

尺寸

在11／公分的亞麻布上：高12公分
在5.5針／公分的Aida繡布上：高11.7公分
在7針／公分的Aida繡布上：高15.4公分
在11／公分的亞麻布上，以1股Mouliné對1股緯紗繡法：高5.8公分

刺繡

將繡布以刺繡用繃子固定。從身體中央部位開始繡起，先將雪花圖樣的圍巾繡製完成。接著，再把北極熊的身體和頭繡滿，並以直線繡標示出嘴巴，然後在另外一片繡布上繡製北極熊背部。

縫合

將小熊的2面身體重疊，以大頭針別好固定。在腳下方留下一個5公分的開口，然後沿著周邊以直線縫合後，再翻轉回正面朝外，以填充物將小熊整個填滿，然後以小針距將開口縫合。

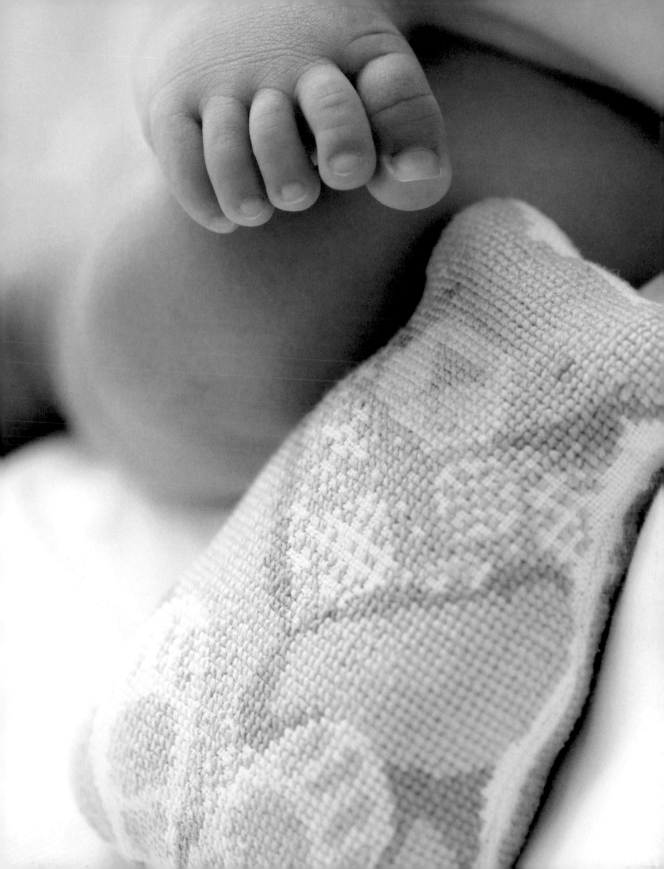

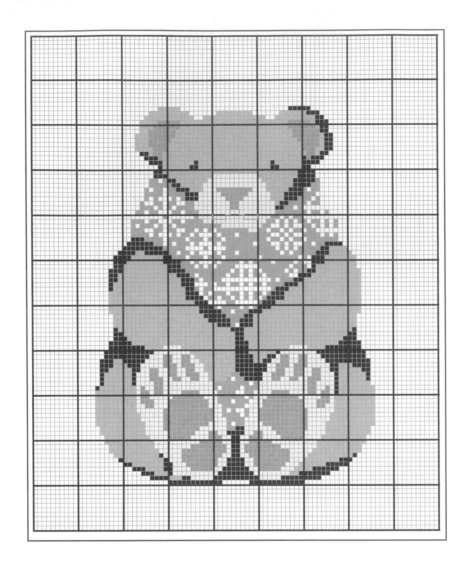

	151
	3078
	3840
	799
	3819

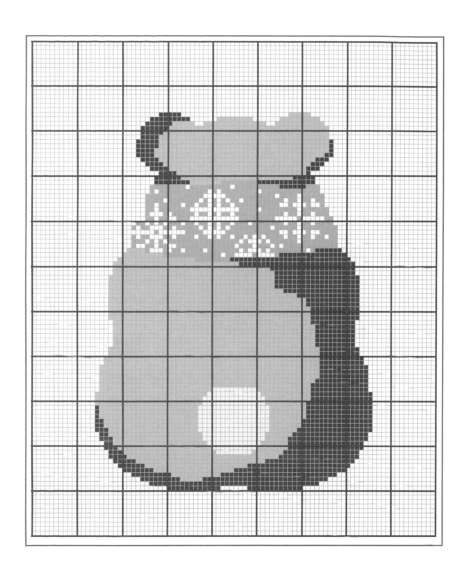

小撇步

如果大面積的刺繡讓您沒有安全
感,那麼就照這隻紅色北極熊的
模式,只繡出淺色面積的輪廓,
如此已經足夠強調出整個圖樣。

	3326
	150
	777
	726
	166

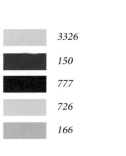

愛爾蘭綿羊

材料

◆ 30×60公分的11/公分白色亞麻繡布
◆ DMC Mouliné棉繡線：淡粉紅819號3縷、糖果粉
　紅色151號2縷、桃粉紅894號2縷、芋頭色340號
　1縷、黃色3855號1縷
◆ 合成棉絮
◆ 基本縫紉工具

使用針法

2股Mouliné對2股緯紗之十字繡。

尺寸

在11/公分的亞麻布上：長17公分
在5.5針/公分的Aida繡布上：長16.8公分
在7針/公分的Aida繡布上：長13公分
在11/公分的亞麻布上，以1股Mouliné對1股緯紗
繡法：長8.3公分

刺繡

將繡布以刺繡用繃子固定。從身體中央部位開始
繡起，先將所有愛爾蘭風的花紋繡製完成，最後
再把頭部和鼻子部位繡滿。另一片身體也以同樣
的方式、朝對應的另一個方向繡製。

縫合

將綿羊的2面身體重疊，以大頭針別好固定。在背
部留下一個8公分的開口，然後沿著周邊以直線縫
合後，再翻轉回正面朝外，以填充物將綿羊整個
填滿，然後以小針距將開口縫合。

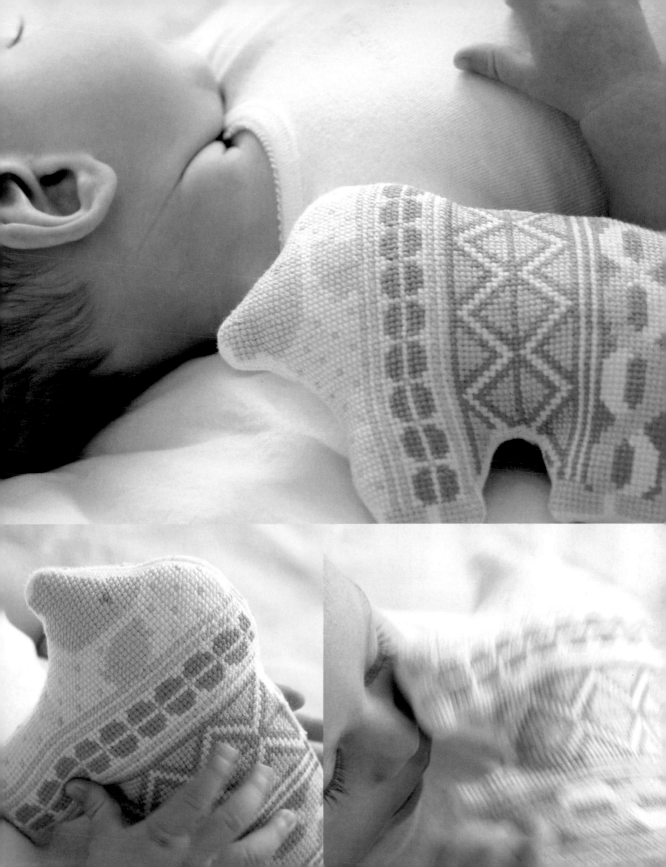

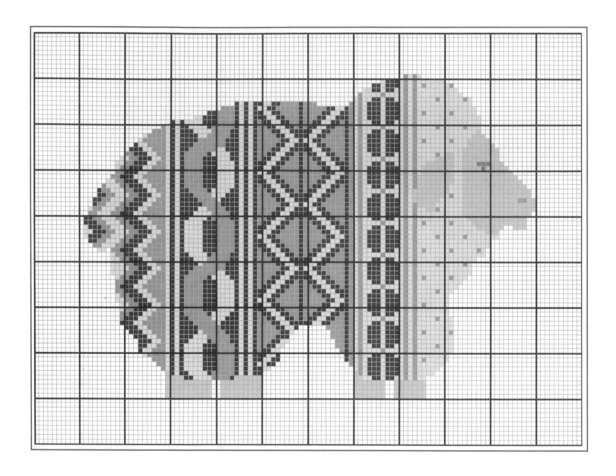

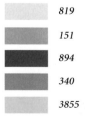

819

151

894

340

3855

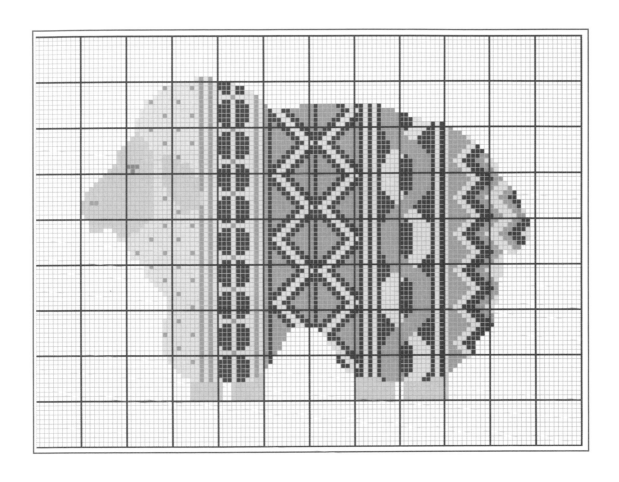

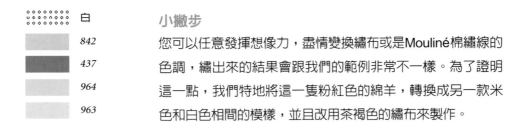

	白
	842
	437
	964
	963

小撇步

您可以任意發揮想像力，盡情變換繡布或是Mouliné棉繡線的
色調，繡出來的結果會跟我們的範例非常不一樣。為了證明
這一點，我們特地將這一隻粉紅色的綿羊，轉換成另一款米
色和白色相間的模樣，並且改用茶褐色的繡布來製作。

千鳥紋小豬

材料

◆ 25×50公分的11/公分白色亞麻繡布
◆ DMC Mouliné棉繡線：淡粉紅818號1縷、粉紅色
　3326號2縷、桃粉紅603號1縷、藍色3846號1縷、
　灰色414號1縷
◆ 合成棉絮
◆ 基本縫紉工具

使用針法

2股Mouliné對2股緯紗之十字繡。

尺寸

在11/公分的亞麻布上：高15公分
在5.5針/公分的Aida繡布上：高14.8公分
在7針/公分的Aida繡布上：高11.4公分
在11/公分的亞麻布上，以1股Mouliné對1股緯紗
繡法：高7.3公分

刺繡

將繡布以刺繡用繃子固定。從身體中央部位開始
繡起，先將所有千鳥格紋花樣繡製完成，最後再
把頭部細節部分如眼睛和鼻子繡上，接著在另外
一片繡布上繡製小豬背面。

縫合

將小豬的2面身體重疊，以大頭針別好固定。在身
體旁邊留下一個5公分的開口，然後沿著周邊以直
線縫合後，再翻轉回正面朝外，以填充物將小豬
整個填滿，然後以小針距將開口縫合。

小撇步

為了讓這隻小豬更具備個人特色，您可以利用剩
布為它製作一個名牌，並在上頭繡上您想要贈送
的孩子的名字。
按照18～19頁的英文字母圖表將名字繡上。在繡
好的名牌背面用鉛筆在名字周圍畫一顆心。在名
牌上另外放置一小塊布，然後沿著心形邊緣縫
合，只在其中一邊留下開口。將縫邊0.5公分以外
的多餘布料修剪掉，然後將牌子翻回正面朝外，
以熨斗燙過後再將開口縫合。最後將名牌縫在一
條緞帶中間，然後綁在小豬脖子上即告完成。

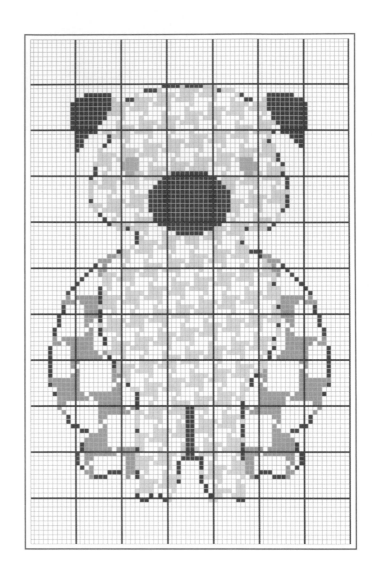

	818
	3326
	603
	3846
	414

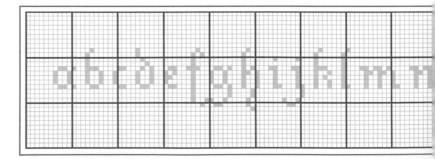

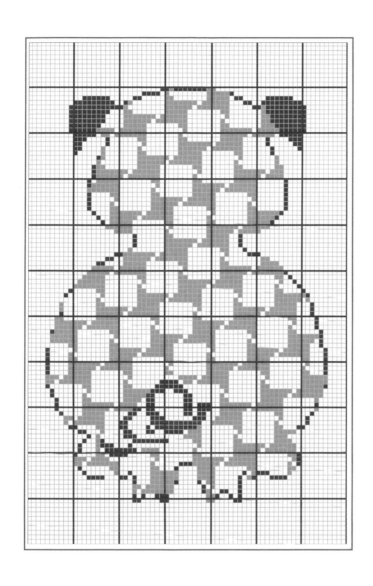

母雞

材料

◆ 40×80公分的11/公分白色亞麻繡布
◆ DMC Mouliné棉繡線：粉紅色967號2縷、紅色666號1縷、靛色340號2縷、淡黃色744號1縷、深黃色725號1縷、橘色3340號1縷、巧克力色301號1縷、藍色159號2縷、土耳其藍964號2縷、原色822號2縷
◆ 合成棉絮
◆ 基本縫紉工具

使用針法

2股Mouliné對2股緯紗之十字繡。

尺寸

在11/公分的亞麻布上：寬21公分

在5.5針/公分的Aida繡布上：寬20.8公分

在7針/公分的Aida繡布上：寬16.1公分

在11/公分的亞麻布上，以1股Mouliné對1股緯紗繡法：寬10.3公分

刺繡

將繡布以刺繡用繃子固定。從母雞身體中央部位開始繡起，將翅膀羽毛的花樣和身體繡製完成，最後再把頭部的細節繡好。另一片身體也以同樣的方式、朝對應的另一個方向繡製。

縫合

將母雞的2面身體重疊，以大頭針別好固定。在背部頂端留下一個8公分的開口，然後沿著周邊以直線縫合後，再翻轉回正面朝外，以填充物將母雞整個填滿，然後以小針距將開口縫合。

小撇步

您可以用珠珠和亮片來強調某些花樣。以一片白色亮片搭配土耳其藍珠珠的方式來點綴翅膀上的每一個弧形羽毛，然後在尾巴的羽毛縫上長條形白色珠珠。最後，在身體均勻點綴上藍色小珠，並在越靠近身體後段的地方漸漸縮小珠子之間的間距。

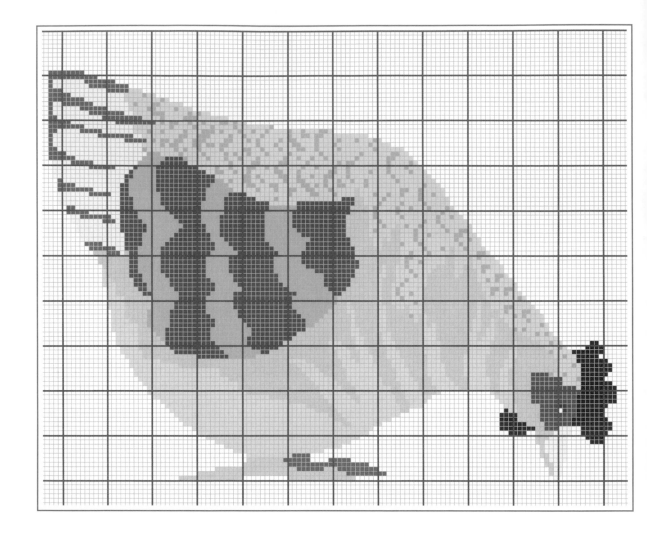

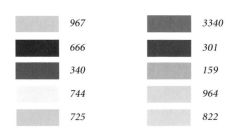

	967		3340
	666		301
	340		159
	744		964
	725		822

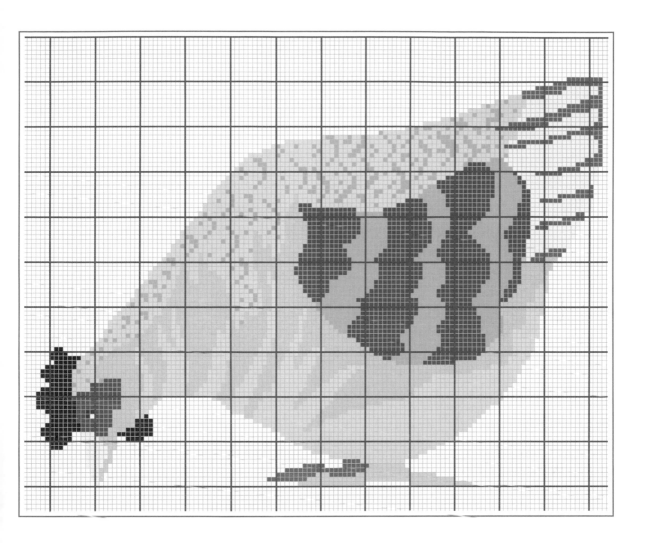

普羅旺斯青蛙

材料

◆ 40×80公分的11/公分白色亞麻繡布
◆ DMC Mouliné棉繡線：黃色744號1縷、粉綠色955號1縷、艾草綠3819號2縷、深綠色704號3縷、土耳其藍3846號2縷、深藍色798號1縷
◆ 合成棉絮
◆ 基本縫紉工具

使用針法

2股Mouliné對2股緯紗之十字繡。

尺寸

在11/公分的亞麻布上：高18公分
在5.5針/公分的Aida繡布上：高17.7公分
在7針/公分的Aida繡布上：高13.7公分
在11/公分的亞麻布上，以1股Mouliné對1股緯紗繡法：高8.8公分

刺繡

將繡布以刺繡用繃子固定。從身體中央部位開始繡起，先將所有圖樣和手部繡製完成，最後再把頭部和蛙腳繡滿，接著繼續在另外一片繡布繡上青蛙背部。

縫合

將青蛙的2面身體重疊，以大頭針別好固定。在其中一隻腳的外側留下一個6公分的開口，然後沿著周邊以直線縫合後，再翻轉回正面朝外，以填充物將青蛙整個填滿，然後以小針距將開口縫合。

小撇步

何不試試為這隻美麗的青蛙創造一個妹妹？只需用同一個範本，繡在7針/公分的Aida繡布，或是在11/公分的亞麻布上，以1股Mouliné對1股緯紗繡法來製作即可。

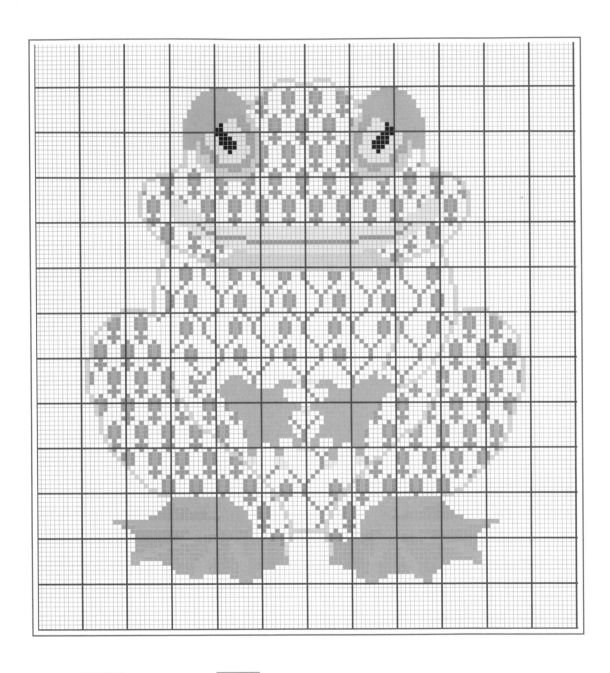

744

704

955

3846

3819

798

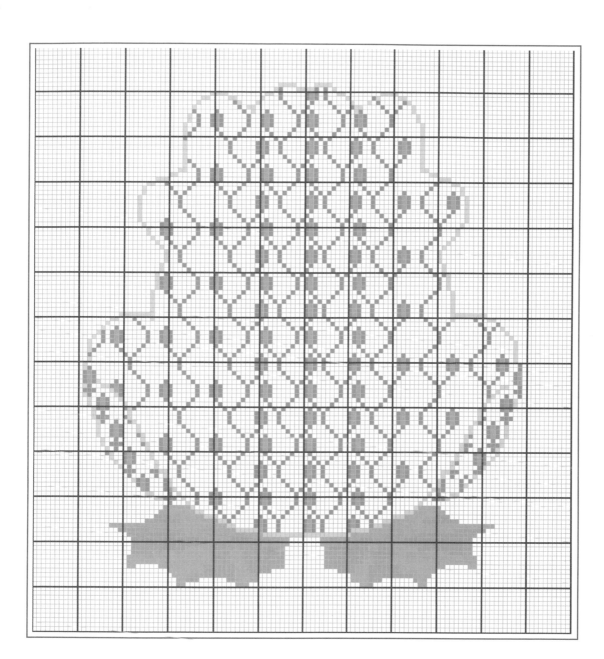

緹花寶貝熊

材料

◆ 30×60公分的11/公分白色亞麻繡布
◆ DMC Mouliné棉繡線：粉紅色353號1縷、黃色
  3822號4縷、土耳其藍964號1縷、薰衣草色3410
  號1縷、水綠色164號1縷、艾草綠3819號2縷
◆ 合成棉絮
◆ 基本縫綴工具

使用針法

2股Mouliné對2股緯紗之十字繡；2股Mouliné之直線繡。

尺寸

在11/公分的亞麻布上：高24公分
在5.5針/公分的Aida繡布上：高23.7公分
在7針/公分的Aida繡布上：高18.2公分
在11/公分的亞麻布上，以1股Mouliné對1股緯紗繡法：高11.7公分

刺繡

將繡布以刺繡用繃子固定。從身體中央部位開始繡起，先將所有提花圖樣的部分繡製完成，最後再把頭部繡滿，並以直線繡標示出鼻子和嘴巴，接著便可繡製背面。

縫合

將小熊的2面身體重疊，以大頭針別好固定。在其中一隻腳外側留下一個5公分的開口，然後沿著周邊以直線縫合後，再翻轉回正面朝外，以填充物將小熊整個填滿，然後以小針距將開口縫合。

小撇步

為了讓這隻小熊更具備個人特色，您可以按照下面的英文字母圖表，為它製作一個名牌，並在上頭繡上您想要贈送的孩子的名字。在繡好的名牌上放置一小塊方布，然後沿邊縫合，只在其中一個長邊留下開口。將縫邊0.5公分以外的多餘布料修剪掉，然後將牌子翻回正面朝外，以熨斗燙過後再將開口縫合。將名牌縫在一條緞帶中間，然後綁在小熊的脖子上。

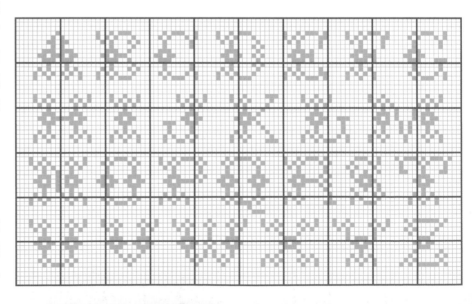

	353
	3822
	964
	3410
	164
	3819

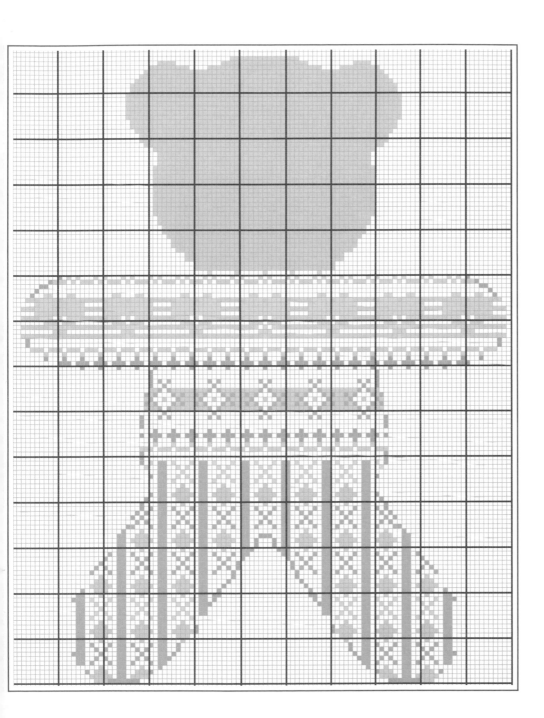

蘇格蘭獵犬

材料

◆ 20×60公分的11/公分白色亞麻繡布
◆ DMC Mouliné棉繡線：粉紅色894號1縷、芋頭色340號1縷、米色677號2縷，赭色437號2縷、巧克力色301號1縷、艾草綠3819號1縷、土耳其藍964號1縷
◆ 合成棉絮
◆ 基本縫紉工具

使用針法

2股Mouliné對2股緯紗之十字繡。

尺寸

在11/公分的亞麻布上：長21公分

在5.5針/公分的Aida繡布上：長20.8公分

在7針/公分的Aida繡布上：長16.1公分

在11/公分的亞麻布上，以1股Mouliné對1股緯紗繡法：長10.3公分

刺繡

將繡布以刺繡用繃子固定。從身體中央部位開始繡起，先將所有蘇格蘭外套的花樣繡製完成。接著，填滿耳朵和頭，最後再把4隻腳繡滿。另一片身體也以同樣的方式、朝對應的另一個方向繡製。

縫合

將獵犬的2面身體重疊，以大頭針別好固定。在背部上方留下一個8公分的開口，然後沿著周邊以直

線縫合後，再翻轉回正面朝外，以填充物將小狗整個填滿，然後以小針距將開口縫合。

小撇步

您可以隨意變換這隻可愛小狗蘇格蘭外套的顏色。在此我們為您提供4種不同的色系建議，不過您還是可以依照嬰兒房的色調，或是不知道該作何用途的用剩Mouliné棉繡線，來自由選擇想使用的顏色。

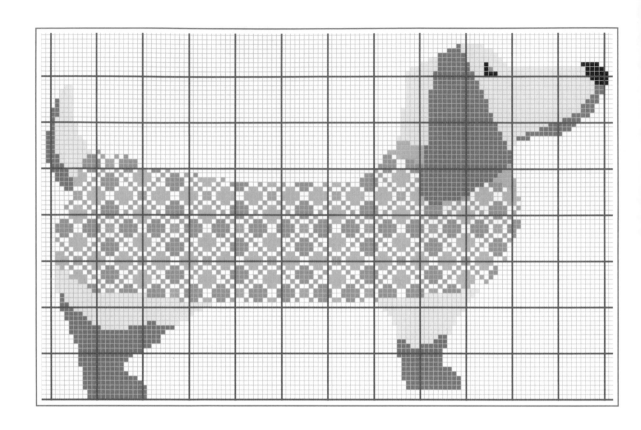

▨	894
▨	340
▨	677
▨	437
■	301
▨	3819
▨	964

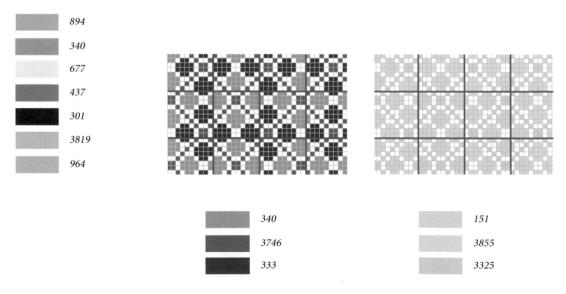

▨	340		▨	151
▨	3746		▨	3855
■	333		▨	3325

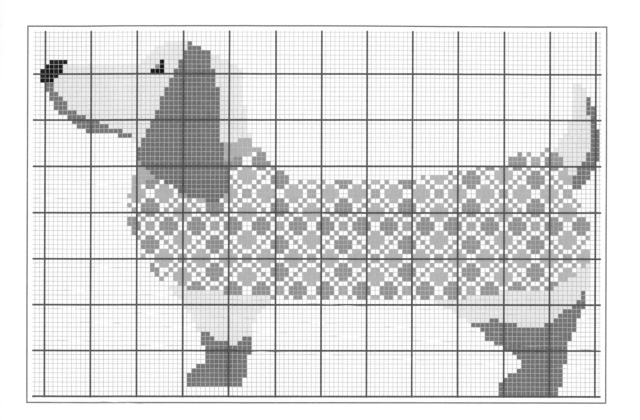

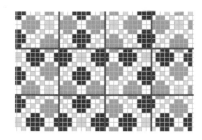
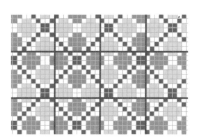

3801

743

702

964

3851

3340

斑馬

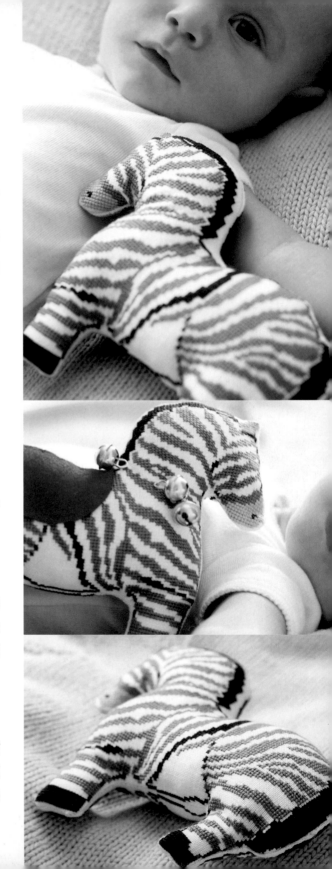

材料

- ◆ 35×70公分的11/公分白色亞麻繡布
- ◆ DMC Mouliné棉繡線：粉紅色3326號1縷、藍色517號1縷、灰色317號4縷、黑色310號2縷
- ◆ 合成棉絮
- ◆ 基本縫紉工具

使用針法

2股Mouliné對2股緯紗之十字繡。

尺寸

在11/公分的亞麻布上：高14公分

在5.5針/公分的Aida繡布上：高13.7公分

在7針/公分的Aida繡布上：高10.6公分

在11/公分的亞麻布上，以1股Mouliné對1股緯紗繡法：高6.8公分

刺繡

將繡布以刺繡用繃子固定。從身體中央部位開始繡起，先將斑馬所有的斑紋花樣繡製完成，最後再把鼻子、鬃毛和尾巴繡滿。另一片身體也以同樣的方式、朝對應的另一個方向繡製。

縫合

將斑馬的2面身體重疊，以大頭針別好固定。在背部頂端留下一個7公分的開口，然後沿著周邊以直線縫合後，再翻轉回正面朝外，以填充物將斑馬整個填滿，然後以小針距將開口縫合。

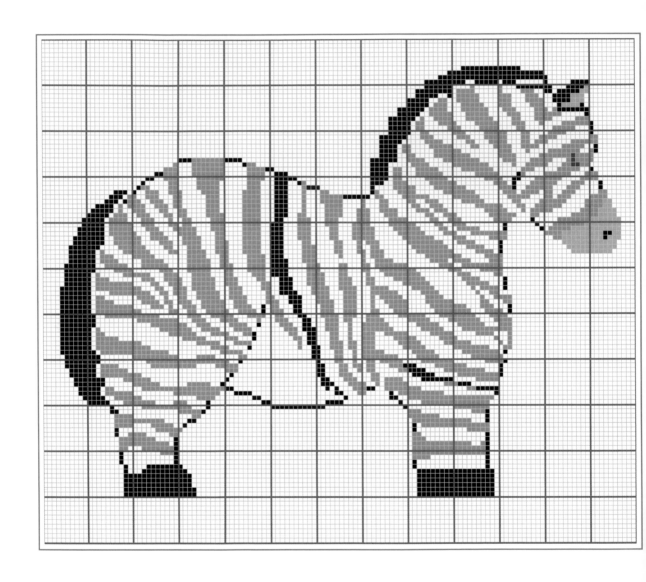

 3326

517

317

310

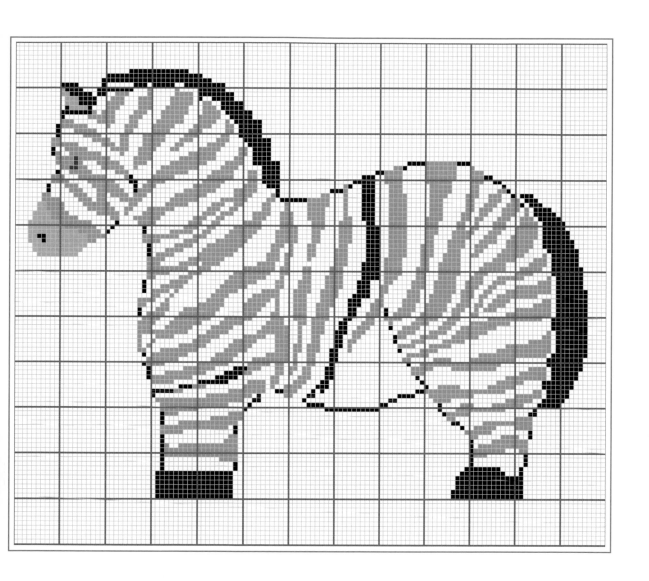

小撇步

您可以將這隻斑馬裝扮成馬戲團的表演動物，只需在脖
子周圍縫上幾只金色小鈴鐺，並利用用剩的紅色不織
布，為它縫上一個全新的火紅色馬鞍即成。

拼布風
小兔

材料

◆ 30×50公分的11/公分白色亞麻繡布
◆ DMC Mouliné棉繡線：淺粉紅818號1縷、粉紅色
  3326號1縷、桃粉色894號1縷、芋頭色340號1
  縷、黃色3855號3縷、橘色3340號1縷、土耳其綠
  964號1縷、藍色3840號1縷、土耳其藍3846號1
  縷、淺綠色955號1縷、綠色3819號 1 縷
◆ 合成棉絮
◆ 基本縫紉工具

使用針法

2股Mouliné對2股緯紗之十字繡。

尺寸

在11/公分的亞麻布上：長20公分

在5.5針/公分的Aida繡布上：長19.7公分

在7針/公分的Aida繡布上：長15.2公分

在11/公分的亞麻布上，以1股Mouliné對1股緯紗

繡法：長9.8公分

刺繡

將繡布以刺繡用繃子固定。從身體中央部位開始繡起，先將所有拼布風花樣繡製完成。最後再把頭部和耳朵繡滿。另一片身體也以同樣的方式、朝對應的另一個方向繡製。

縫合

將小兔的2面身體重疊，以大頭針別好固定。在肚子部位留下一個10公分的開口，然後沿著周邊以直線縫合後，再翻轉回正面朝外，以填充物將小兔整個填滿，然後以小針距將開口縫合。

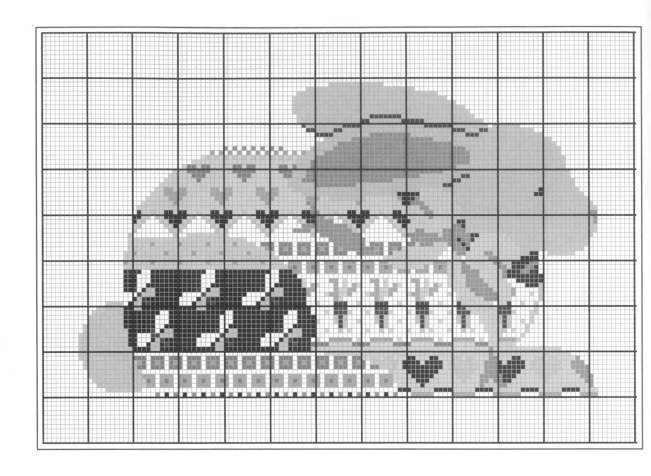

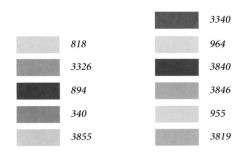

	818		3340
	3326		964
	894		3840
	340		3846
	3855		955
			3819

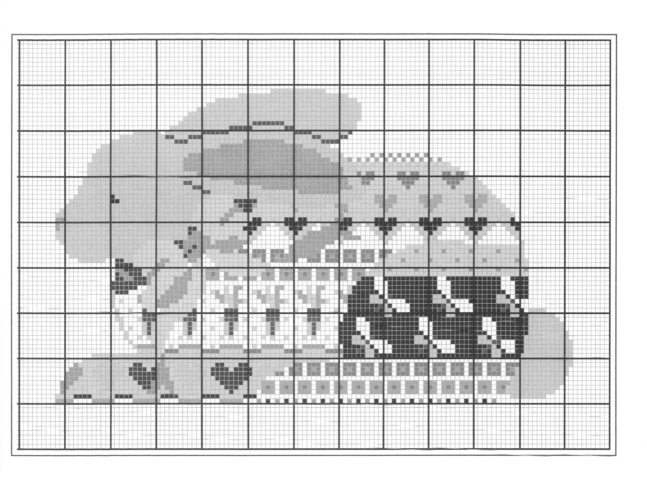

雛菊花
母牛

材料

◆ 30×60公分的11/公分白色亞麻繡布
◆ DMC Mouliné棉繡線：粉紅151號1縷、淺黃色445號1縷、金黃色725號2縷、橘色3340號2縷、艾草綠3819號1縷、原色822號1縷、灰色317號2縷
◆ 合成棉絮
◆ 基本縫紉工具

使用針法

2股Mouliné對2股緯紗之十字繡。

尺寸

在11/公分的亞麻布上：長17公分

在5.5針/公分的Aida繡布上：長16.8公分

在7針/公分的Aida繡布上：長13公分

在11/公分的亞麻布上，以1股Mouliné對1股緯紗繡法：長8.3公分

刺繡

將繡布以刺繡用繃子固定。從母牛身體中央部位開始繡起，先將所有的雛菊花樣繡製完成。最後再把身體輪廓和頭部細節繡上。另一片身體也以同樣的方式、朝對應的另一個方向繡製。

縫合

將母牛的2面身體重疊，以大頭針別好固定。在背頂留下一個6公分的開口，然後沿著周邊以直線縫合後，再翻轉回正面朝外，以填充物將母牛整個填滿，然後以小針距將開口縫合。

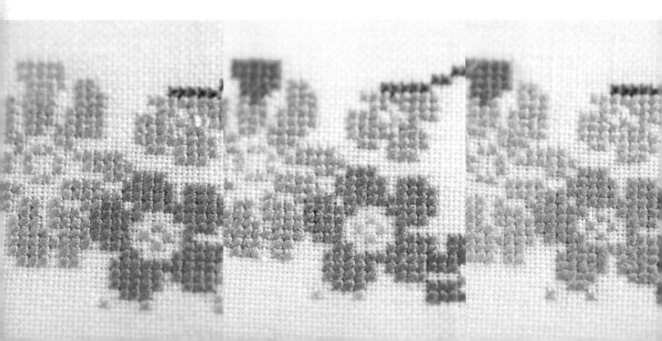

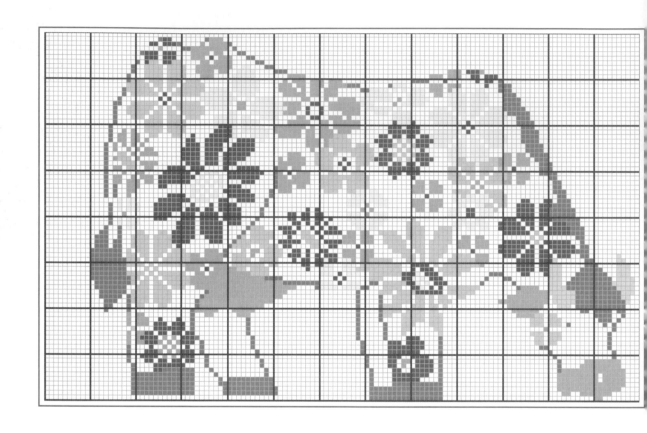

	151
	445
	725
	3340
	3819
	822
	317

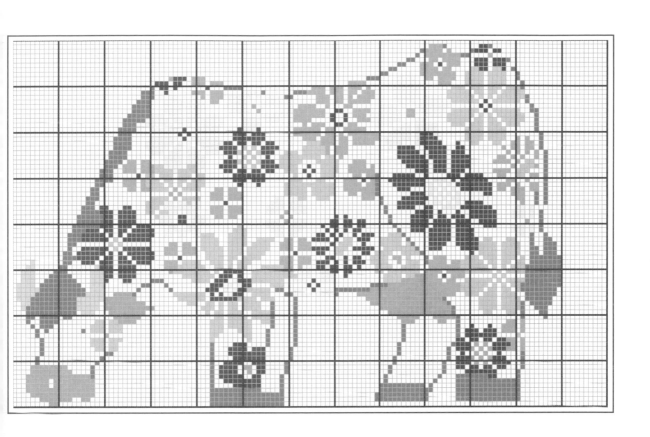

小撇步

您可以隨著自己的心情和品味隨興變換
雛菊的顏色。在此我們為您提供3種不
同的色系建議,不過您還是可以依照嬰
兒房的色調,或是不知道該作何用途的
用剩Mouliné棉繡線,來自由選擇想使
用的顏色。

	3855		3340		603
	151		340		3851
	164		964		3819
	894		159		954

繽紛格紋
長頸鹿

材料

◆ 30×80公分的11/公分白色亞麻繡布
◆ DMC Mouliné棉繡線：粉紅3806號1縷、芋頭色340號2縷、黃色725號2縷、橘色3340號2縷、藍色3840號2縷、土耳其藍964號1縷、艾草綠3819號2縷
◆ 合成棉絮
◆ 基本縫紉工具

使用針法

2股Mouliné對2股緯紗之十字繡。

尺寸

在11/公分的亞麻布上：高28公分
在5.5針/公分的Aida繡布上：高27.6公分
在7針/公分的Aida繡布上：高21.4公分
在11/公分的亞麻布上，以1股Mouliné對1股緯紗繡法：高13.7公分

刺繡

將繡布以刺繡用繃子固定。從身體中央部位開始繡起，先將所有彩色方格的花樣繡製完成。接著，依照脖子和腿的順序繼續，最後再把頭部繡滿。另一片身體也以同樣的方式、朝對應的另一個方向繡製。

縫合

將長頸鹿的2面身體重疊，以大頭針別好固定。在身體上方留下一個5公分的開口，然後沿著周邊以直線縫合後，再翻轉回正面朝外，以填充物將長頸鹿整個填滿，然後以小針距將開口縫合。

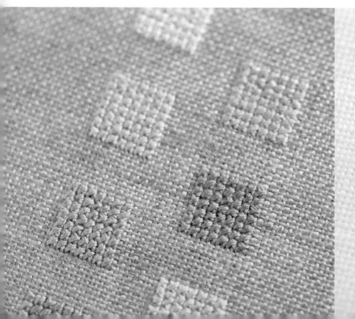
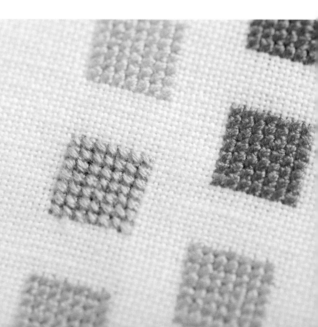

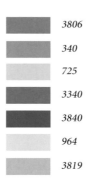

	3806
	340
	725
	3340
	3840
	964
	3819

小撇步

您可以自由發揮想像力，盡情變換繡布或是
Mouliné棉繡線的色調，繡出來的結果會跟我們的
範例非常不一樣。為了證明這一點，我們特地將
這一隻色彩繽紛的長頸鹿，轉換成另一款比較粉
彩的模樣，並且改用茶褐色的繡布來製作。

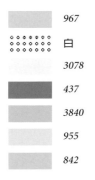

	967
	白
	3078
	437
	3840
	955
	842

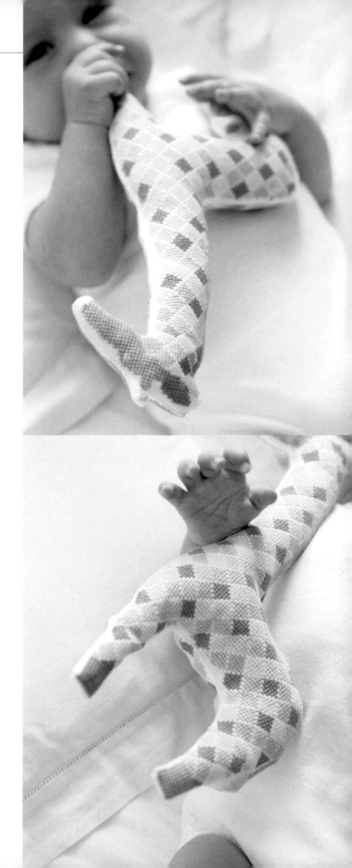

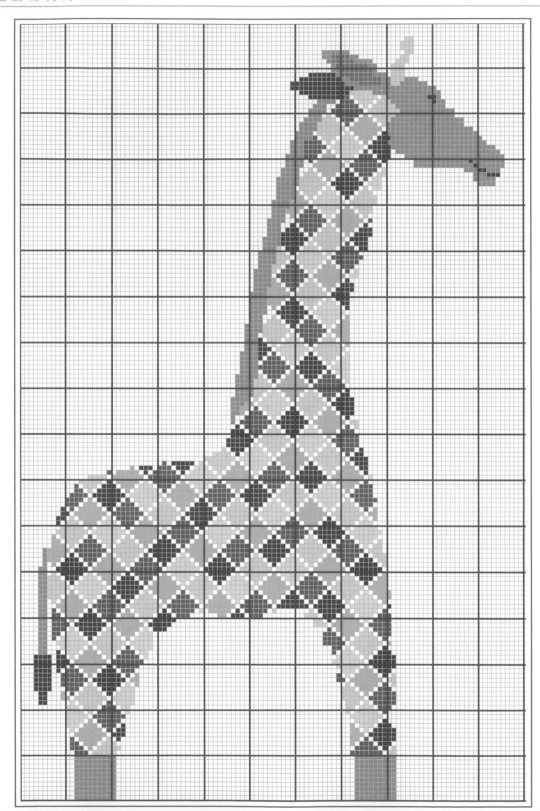

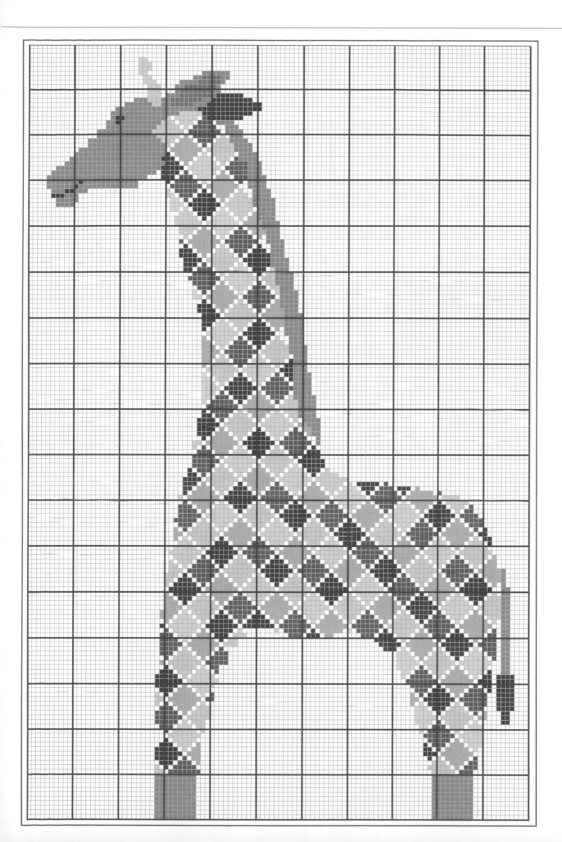

虎斑貓

材料

◆ 40×80公分的11/公分白色亞麻繡布
◆ DMC Mouliné棉繡線：粉紅色3771號1縷、橘色
   721號3縷、鮮橘色900號3縷、玫瑰木色355號1縷、
   綠色702號1縷、黑色310號1縷
◆ 合成棉絮
◆ 基本縫紉工具

尺寸

在11/公分的亞麻布上：長18公分

在5.5針/公分的Aida繡布上：長17.7公分

在7針/公分的Aida繡布上：長13.7公分

在11/公分的亞麻布上，以1股Mouliné對1股緯紗
繡法：長8.8公分

刺繡

將繡布以刺繡用繃子固定。從身體中央部位開始
繡起，先將所有斑紋花樣繡製完成，最後再把頭
部繡滿，並以直線繡標示出鼻子、嘴巴和其他需
要加強出輪廓的部位，然後著手背部的繡製。

縫合

將貓咪的2面身體重疊，以大頭針別好固定。在腳
部下方留下一個10公分的開口，然後沿著周邊以
直線縫合後，再翻轉回正面朝外，以填充物將貓
填滿，然後以小針距將開口縫合。

小撇步

您還可以在這隻愛玩的小花貓爪子裡加上毛線
團。先剪1段寬0.7公分、長10公分的橘色緞帶，
以緞帶末端固定在中央的方式，縫上2球直徑1.5
公分的綠色毛線球，最後以幾針回針縫，將緞帶
另一端固定在貓咪前腳的地方即可。

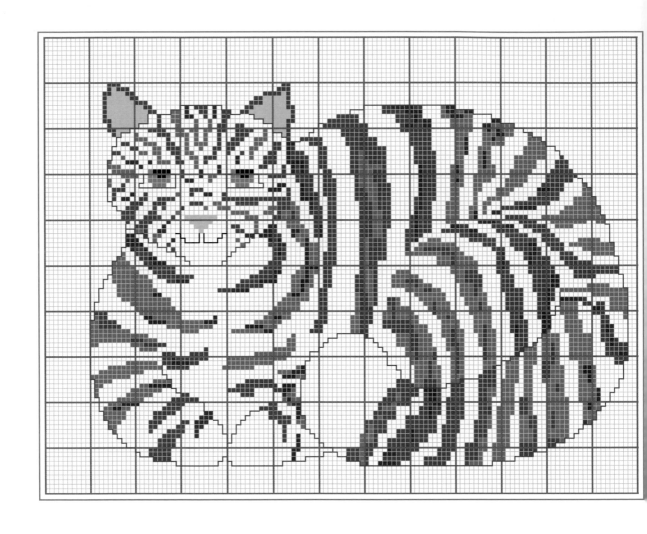

	3771		355
	721		702
	900		310

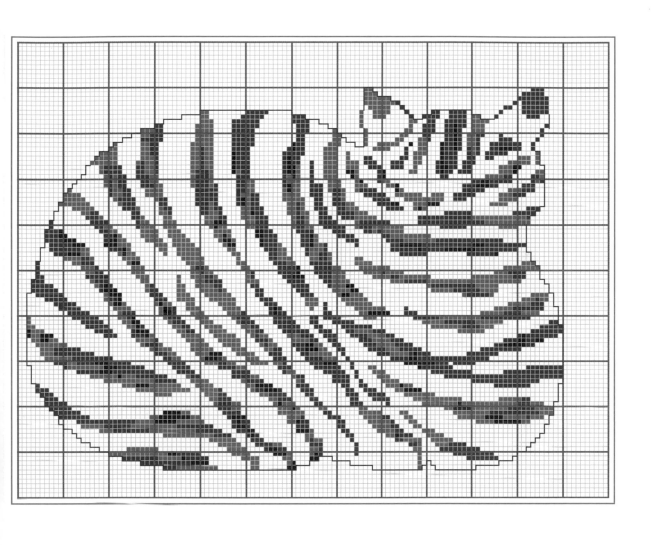

小花鼠

材料

◆ 20×40公分的11/公分白色亞麻繡布
◆ DMC Mouliné棉繡線：粉紅色894號1縷、芋頭色340號1縷、土耳其藍3851號1縷、淡綠色955號1縷、艾草綠色3819號1縷、巧克力色301號1縷
◆ 合成棉絮
◆ 基本縫紉工具

使用針法

2股Mouliné對2股緯紗之十字繡。

尺寸

在11/公分的亞麻布上：高12公分

在5.5針/公分的Aida繡布上：高11.7公分

在7針/公分的Aida繡布上：高9.1公分

在11/公分的亞麻布上，以1股Mouliné對1股緯紗繡法：高5.8公分

刺繡

將繡布以刺繡用繃子固定。從身體中央部位開始繡起，逐步將所有均勻分散的小花圖樣繡製完成，最後再把頭部和耳朵填滿。另一片身體也以同樣的方式、朝對應的另一個方向繡製。

縫合

將花鼠的2面身體重疊，以大頭針別好固定。在腳部下方留下一個5公分的開口，然後沿著周邊以直線縫合後，再翻轉回正面朝外，以填充物將花鼠填滿，然後以小針距將開口縫合。

小撇步

如果您有耐心的話，您可以用縫上珠珠來代替十字繡，然後創造出一隻閃亮的花鼠。請選用跟Mouliné棉繡線同一個顏色的珠珠即可。

您可以一邊數好格數和針距，一邊用白色縫線以半個十字繡將珠子固定。

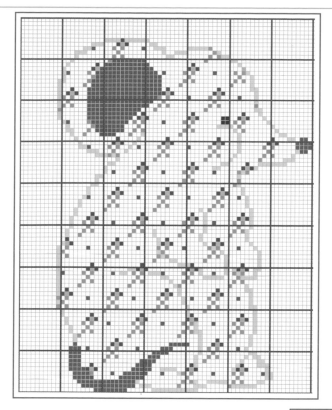

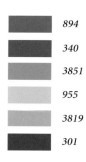

894

340

3851

955

3819

301

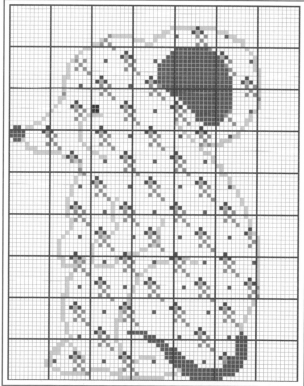

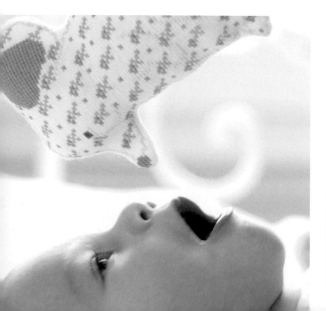

開司米
大象

材料

◆ 45×80公分的11/公分白色亞麻繡布
◆ DMC Mouliné棉繡線：淺粉紅3326號2縷、深粉紅色603號6縷、紅色666號1縷、芋頭色340號2縷、淺黃色746號1縷、金黃色725號2縷、橘色3340號2縷、綠色704號1縷、土耳其綠964號1縷、土耳其藍3846號1縷、灰色414號1縷
◆ 合成棉絮
◆ 基本縫紉工具

使用針法

2股Mouliné對2股緯紗之十字繡。

尺寸

在11/公分的亞麻布上：高13公分

在5.5針/公分的Aida繡布上：高12.8公分

在7針/公分的Aida繡布上：高9.9公分

在11/公分的亞麻布上，以1股Mouliné對1股緯紗繡法：高6.3公分

在10/公分的Lugana繡布上，以2股Mouliné對2股緯紗繡法：高14.2公分

刺繡

將繡布以刺繡用繃子固定。從身體中央部位開始繡起，先將所有開司米掛毯的花樣繡製完成。接著，依照項鍊、頭部、象牙和尾巴的順序繼續，最後再把四肢腳繡滿。另一片身體也以同樣的方式、朝對應的另一個方向繡製。

縫合

將大象的2面身體重疊，以大頭針別好固定。在腳部下方留下一個10公分的開口，然後沿著周邊以直線縫合後，再翻轉回正面朝外，以填充物將大象填滿，然後以小針距將開口縫合。

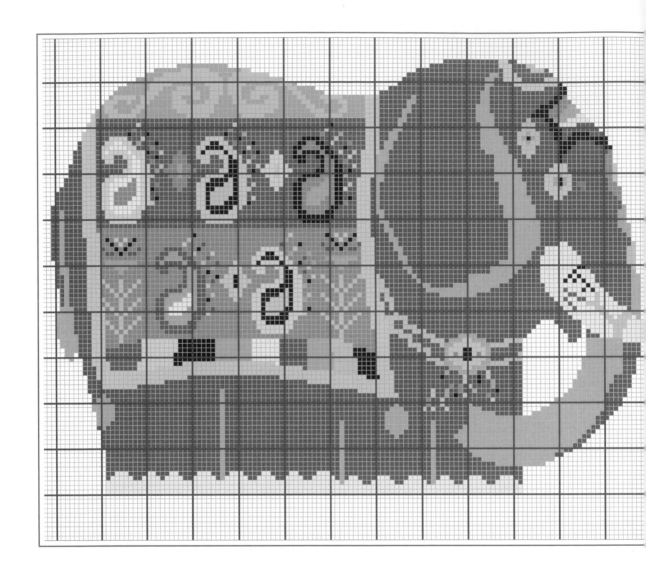

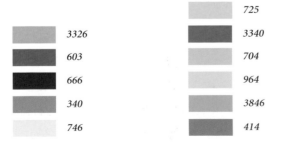

	3326		725
	603		3340
	666		704
	340		964
	746		3846
			414

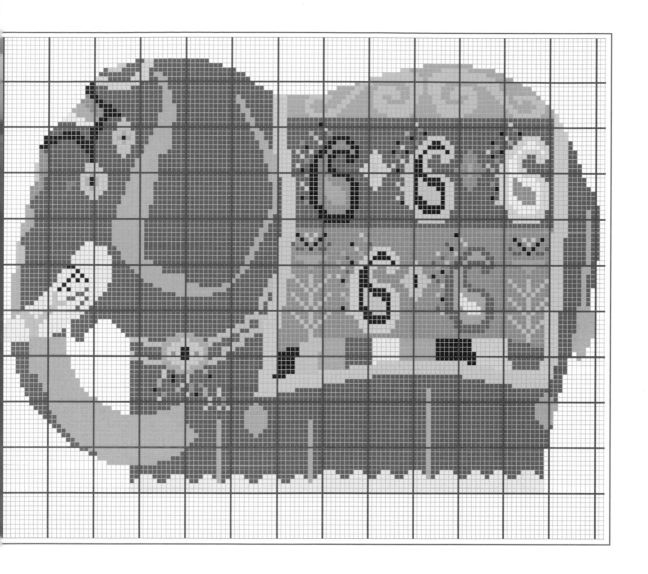

小撇步

您可以跟我們所示範的一樣,在不同的繡布上繡出同一款大象,以創造出一整個大象家族。您也可以盡情地將您的大象打扮得花枝招展,只需利用珠珠、亮片和寶石來強調出大象身上飾品和毯子的花紋即可;按照毯子的顏色來挑選珠子的色彩,然後隨著它不同的顏色變化,將珠珠一排排繡上去;並在毯子邊緣,繡上一排金色亮片配上桃粉紅色珠珠。最後,別忘了在大象前額和頸飾上縫上一顆紅寶石。

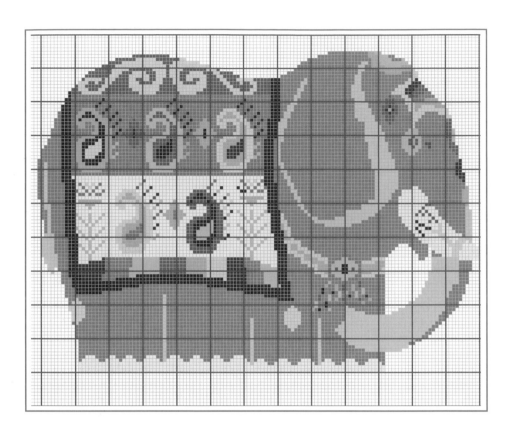

小撇步

若是您想要一隻比較傳統的大象，這裡也為您
提供了灰色大象的用色對應版本，以供參照。

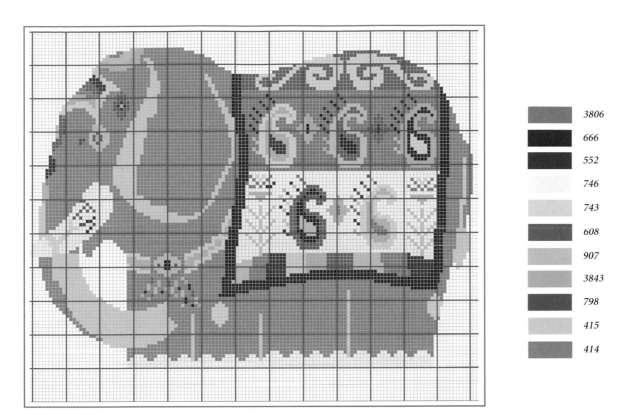

	3806
	666
	552
	746
	743
	608
	907
	3843
	798
	415
	414